等闲识得胡蜂面

——图说胡蜂的认识和预防

谭江丽 邢连喜 著

陕西新华出版传媒集团

陕西科学技术出版社

Shaanxi Science and Technology Press

————西 安————

图书在版编目（CIP）数据

　　等闲识得胡蜂面：图说胡蜂的认识和预防/ 谭江丽, 邢连喜著. — 西安：陕西科学技术出版社, 2021.5
　　ISBN 978-7-5369-8056-3

　　Ⅰ. ①等… Ⅱ. ①谭… ②邢… Ⅲ. ①胡蜂科 – 普及读物 Ⅳ. ①Q969.554.4-49

　　中国版本图书馆CIP数据核字（2021）第069885号

等闲识得胡蜂面
—— 图说胡蜂的认识和预防
DENGXIAN SHIDE HUFENG MIAN
TUSHUO HUFENG DE RENSHI HE YUFANG
谭江丽　邢连喜　著

责任编辑	李　珑　常丽娜
设计制作	祖辉工作室

出　版　者	陕西新华出版传媒集团　陕西科学技术出版社
	西安市曲江新区登高路1388号陕西新华出版传媒产业大厦B座
	电话（029）81205187 传真（029）81205155 邮编710061
	http://www.snstp.com
发　行　者	陕西新华出版传媒集团　陕西科学技术出版社
	电话（029）81205180 81206809
印　　刷	陕西金和印务有限公司
规　　格	889mm×1194mm　开本 24
印　　张	5
字　　数	100千字
版　　次	2021年5月第1版
	2021年5月第1次印刷
书　　号	ISBN 978-7-5369-8056-3
定　　价	25.00元

序 一

谭江丽教授的新作《等闲识得胡蜂面——图说胡蜂的认识和预防》马上要付梓问世了，她很客气，希望我能写几句话。这给了我先睹为快的机会，但更多的是学习和增长了知识。

非洲的"杀人蜂"让人"谈蜂色变"，在我国也有令人望而生畏的"杀人胡蜂"。每年夏秋两季，胡蜂袭人致伤、致死的惨剧屡有发生，尤其是陕西省于2005年和2013年发生的两次胡蜂袭人事件，惊动了中央，在全国引起了强烈反响。目前，秋季剿除胡蜂成了胡蜂袭人多发区消防部门最繁重、危险系数最高的一项工作。

其实，大多数胡蜂是农林害虫的重要天敌，是植物主要的传粉媒介之一，是研究昆虫社会性进化的理想类群，同时也是昆虫食品和药品开发的资源，在自然界生态平衡中占重要地位。然而，广大人民群众对胡蜂的识别和预防知识尚十分欠缺。如果问你，认识胡蜂吗？了解胡蜂的习性吗？如何避免在野外被蜂群袭击？被蜂轻度蜇伤后该怎样紧急处理？恐怕绝大多数人都无从回答。

为此，谭江丽教授曾专门写过一本《致命的胡蜂 中国胡蜂亚科》。它属于学术专著，对研究者或相应的科技工作者来说，是一本重要的参考书。它可以帮助大家对胡蜂家族有一个全面认识，并能加快研究成果的产生。这本专著问世后，获得了不少赞誉。但是，谭老师一刻也没有停止对胡蜂知识的普及工作。为了保障人民群众的安全，她多年来组织学生下乡宣传，凡是宣传到的地方，人们的防护措施到位、有效，避免了被蜂蜇伤甚至死亡悲剧的发生，但没有宣传到的地方，还会时不时发生一些意外。

谭江丽教授看到了老百姓的渴求，看到了消防、林业等部门的需求，她以饱满的热情，以大量的图片和漫画创作的形式，向读者生动讲述胡蜂的科学知识，教群众识别胡蜂、科学地认识胡蜂，以能够预防被蜂蜇，并简述轻度蜇伤后的紧急处理等。这些知识都体现在《等闲识得胡蜂面——图说胡蜂的认识和预防》这本科普著作中。

一个教授、学者，时刻把人民群众的安危放在心里，并付诸在实践中。她在不断创造知识的过程中，又坚持不断传播知识，从学校课堂扩展到社会大课堂。她是我应该学习的榜样。

中国科学院西安分院原副院长 杨星科

2021年3月17日于广州

序 二

辛丑年伊始，西北大学谭江丽博士通过网络发给我一本她和邢连喜教授合著的新作——《等闲识得胡蜂面——图说胡蜂的认识和预防》书稿，邀我作序。看到这富有诗意的书名，图文并茂的内容，我遂欣然答应，权作是对这本书出版的祝贺吧！

说起胡蜂，谁儿时没有捅过马蜂窝呢？虽说人人"谈蜂色变"倒也未必，但被马蜂蜇上几针的滋味只怕很多人都有感受吧！虽说不一定会鼻青脸肿，但被蜂蜇后总要疼上好一阵子，总能给人留下深刻的记忆。可是，如果被问及具体的马蜂或胡蜂知识，却不一定能回答上来。

近些年，电视等媒体不断有胡蜂伤人的报道，胡蜂袭人致死的事例也屡见不鲜，人民群众急需了解有关胡蜂的科学知识。只有让普通大众掌握胡蜂知识，了解胡蜂习性，"胡蜂杀人"的悲剧才能减少，甚至杜绝。

其实，胡蜂种类众多，成虫在育雏期间要捕捉许多害虫来饲喂幼虫，这对控制害虫的虫口数量、维持生态系统平衡起着重要作用。至于蜇人，不过是胡蜂自卫的一种手段。读了这本书，掌握了胡蜂的生活习性，就能够做到趋利避害，避免胡蜂杀人悲剧的发生。

谭江丽教授作为国内外知名的胡蜂分类专家，不仅分类做得好，而且能诗善画。在书中，她用诗意般的语言介绍胡蜂知识，再配上一幅幅精美的插图，使读者在学习胡蜂知识的同时，还能欣赏到她的科学摄影和绘画艺术，可以说是一种享受。这本科普书，不说人手一册，至少应该是家庭必备。

作为大学教师，科研繁忙，教学任务也很重，但谭江丽博士和邢连喜教授能在教学科研的间隙，抽出宝贵时间来做胡蜂科普工作，应该大力提倡。我们的科研人员，也应该抽出一定时间来写写科普书，因为科普不仅是科学家的工作，更是大学教师的义务。只有高水平的科学家一起参与科普，才能拉近科学与大众的距离，才能让更多的中小学生热爱科学，选择科学作为自己未来的事业，才能进一步提高全民族的科学文化素质，早日实现中华民族的伟大复兴。

是为序。

西北农林科技大学教授　崔佳颖

2021年3月22日于杨凌

前 言

　　胡蜂，是一类群众最为熟悉却又知之甚少的昆虫。每到果实成熟的季节，全国多个省份都有关于胡蜂袭人致死、致伤的报道，尤其是在陕西的关中和陕南地区，2005年、2013年秋季的两次胡蜂袭人事件惊动了中央。特别是2013年，陕西关中、安康、汉中等地发生了1685人被蜇伤、42人死亡的惨剧，在国内外引起了强烈反响，胡蜂也随之背负上"杀人"的恶名，不少群众"谈蜂色变"。一定程度上，袭人胡蜂已成为影响社会安定、农林生产和人居环境安全的恶性公害。

　　摘除蜂巢，在局部地区短时间内能有效降低胡蜂对人群的危害，是目前应对胡蜂灾害发生最直接的方法。近年来，"清剿胡蜂"成了消防应急大队每年秋季最繁重、最危险的工作之一，其间还发生过个别消防人员被蜇伤，甚至牺牲的悲剧。

　　"一蜂建一国"，强大的繁殖能力和团结协作的社会生活模式是胡蜂成功存活的法宝。人类无法也不应该将胡蜂斩尽杀绝，因为令人望而生畏的胡蜂是自然界生态链中的重要一环。胡蜂体型大而凶猛，猎捕的对象很广，是体型较大害虫最重要的捕食天敌之一。胡蜂成虫访花食蜜补充营养，也是像蜜蜂一样的重要传粉昆虫。胡蜂幼虫反哺成虫的营养液滴为人类的饮品开发提供了思路，昆虫食品以及蜂毒的研究和应用也是人们经久不衰的话题……从多个视角看胡蜂，显然它不是人类的敌人，甚至可以和人类成为朋友，其实有相当一部分人是胡蜂爱好者。

　　人类注定要和胡蜂一起世世代代相处下去，而避免被胡蜂所伤最好的办法是做好预防、预判，避开胡蜂。2019年，西北大学成立了大学生"三下乡"胡蜂防控宣传小组，小组成员在陕西省安康市平利县走访了消防应急大队，并走上街头、走进村民家中调查，深切感受到小小胡蜂带给人们的困扰。人们通常认为和虫子打交道是"雕虫小技"，然而，在袭人胡蜂面前，一时的疏忽、麻痹大意有可能付出的是生命的代价！因此，我想写一本普通群众也能看得懂的胡蜂书，让群众掌握知识，了解胡蜂的常见种类和习性，教会群众正确认识和看待胡蜂，并可以进行科学观察和判断，自觉警惕和回避，能够最大限度避免"胡蜂杀人"的悲剧重演！希望通过阅读本书，胡蜂不再是人们的烦恼和恐惧，而是智慧的启迪、快乐大自然的一分子！

　　本书介绍如何认识胡蜂、如何识别常见杀人胡蜂、袭人胡蜂为什么能够致命、胡蜂和人类的关系、如何预防胡蜂和轻度蜇伤的紧急处理措施等内容，适用于广大群众、学生、胡蜂灾害防控工作者（如消防、医疗、卫生和防疫等）、科普宣传者、从事户外活动的劳动者、旅行者、科学考察者，以及昆虫爱好者等。

谭江丽于西北大学

2020年12月18日

目录

认识胡蜂科

　　说起胡蜂，大家最先想到的便是它"杀人"的恶名。那些人头状的大葫芦蜂包里，成千上万只愤怒的胡蜂倾巢出动，在"嗡嗡"轰鸣声中追着蜇人的场面，让人一想起就不寒而栗。

　　那么，您认识胡蜂吗？其实，胡蜂是昆虫世界的"老虎"，其他昆虫也都怕它。胡蜂身上黑黄相间的颜色十分醒目，被称为"警戒色"。很多昆虫也模仿这种"警戒色"来吓唬天敌，保护自己。如访花补充营养的食蚜蝇（左上图、左下图）、吸血的牛虻（右上图）、植食性的广蜂（右下图），等等。

这只瘤蛾在自己背上"画"了只马蜂！在夜晚光线较弱时，这样的"印象派大作"足以震慑前来捕食它的天敌。

呃，那只是一个模糊的叫法，要真正认识胡蜂，得遵从科学的分法。

喂，老兄，什么是胡蜂？

"胡蜂俗名多，内容互包含"。像人们常说的胡蜂、人头蜂、虎头蜂、黄蜂、马蜂、草纸蜂、地蜂、夜蜂、裤裆蜂、蜾蠃蜂等，都有胡蜂的身影！那么，什么是胡蜂呢？

胡蜂的分类归属

膜翅目 Hymenoptera

　　细腰亚目 Apocrita

　　　针尾部 Aculeata

　　　　胡蜂总科 Vespoidea

　　　　　胡蜂科 Vespidae

广义的胡蜂，是昆虫纲膜翅目细腰亚目针尾部胡蜂总科胡蜂科所有昆虫的统称。

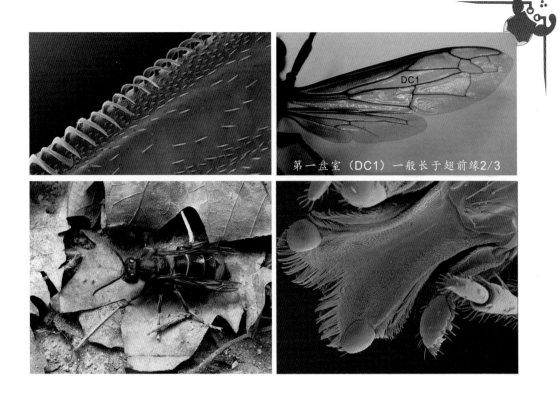

第一盘室（DC1）一般长于翅前缘2/3

胡蜂科的特征可以用下面这首诗来概括：

膜翅钩连细腰蜂，尾带毒针却藏锋。口器咀嚼角十二，后翅闭室双为宗。

翅面休息爱纵褶，第一盘室长出格。前胸弯弓接翅基，小瓣骨化垫唇舌。

左上图：后翅前缘的翅钩列；右上图：前后翅，示前翅第一盘室长，后翅2个封闭的翅室；左下图：雌性墨胸胡蜂 *Vespa velutina* var. *nigrithorax* 生态照，示细腰，翅纵褶，足各节圆柱形，腹部末端的螫针不外露；右下图：黄胡蜂下唇唇舌，示唇舌端部的骨化小瓣。

　　雌性墨胸胡蜂（左图），示咀嚼式口器2个明显的上颚，触角呈膝状，12节；雄性墨胸胡蜂（右图）示前胸背板后缘弯曲如弓，两侧与翅基片相接，触角13节。与常见的蜜蜂相比，胡蜂的刚毛不分叉，体表也就没有蜜蜂那种毛茸茸的感觉。

　　掌握了胡蜂的这些特征，到野外试试，看您能认出胡蜂吗？

前胸背板向后延伸呈
宽轴状与翅基片相接

前胸背板远离翅基片

方头泥蜂科 Crabronidae

野外最容易被认错的是蜜蜂。最新的分类系统把蜜蜂和泥蜂统归于蜜蜂总科，全世界已知的近30000种！它们有一个共同的特征：蜜蜂总科的前胸背板后缘背中部为横直形（左图），侧角远离翅基片（左下图），或者向后延伸呈宽轴状（左上图）。而胡蜂的前胸背板中部则是弓弧状弯曲的，侧面近似三角形，与翅基片相接。

瞧这只方头泥蜂（右图），是不是很像胡蜂？可它平直的前胸背板后缘决定了它不是胡蜂哦！

再看一下蜜蜂和胡蜂的区别：蜜蜂的后足特化为宽扁的花粉篮和花粉刷，体毛因分叉而毛茸茸的，翅不纵褶。在显微镜下可以观察到它的第一盘室远短于胡蜂，前胸背板后缘为横形，侧面形成个宽轴突，与翅基片相接。而胡蜂的前胸背板侧面并不呈宽轴状。

　　再瞧这位，停息时虽然和胡蜂一样翅纵褶，但它的针状产卵器背在背上，即使是"苏秦背剑"式，也算露了锋芒，显然与胡蜂科"藏锋不露"的特征相悖。其实，它是褶翅小蜂科 Leucospidae 的日本褶翅小蜂 *Leucopis japonica*。

　　从这只蜂的大"粗腰"（胸部和腹部广阔连接，没有形成并胸腹节和细腰），就可以看出它不是胡蜂！观察它的后翅，封闭的翅室超过3个，这是广腰亚目的特征。看它那对末端膨大的触角，就知道它是锤角叶蜂科 Cimbicidae 的种类。

　　猛一看，土蜂的"气质"很像胡蜂，但它的翅不纵褶，翅面特征十分明显，端半部有百褶裙一样密密的纵皱。土蜂在土里挖洞，抓到金龟子胖胖的幼虫——蛴螬，便会用螫针将其麻醉，把卵产在蛴螬腹部腹面。孵出的幼虫就以蛴螬为食。**"土蜂相爱贴地飞，掘洞产子蛴螬肥。丝状触角多刺足，百褶翅缘当花媒。"** 土蜂喜欢贴着地面飞行，追逐求偶。

　　蜂的种类很多，让我们来看看哪些是胡蜂吧！

胡蜂科 Vespidae（＞5210种）

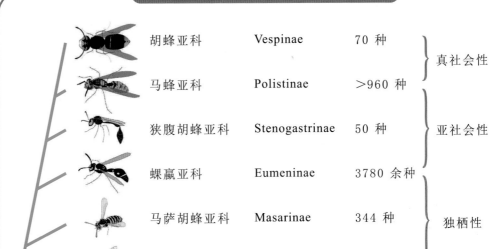

胡蜂亚科	Vespinae	70 种		真社会性
马蜂亚科	Polistinae	＞960 种		
狭腹胡蜂亚科	Stenogastrinae	50 种		亚社会性
蜾蠃亚科	Eumeninae	3780 余种		
马萨胡蜂亚科	Masarinae	344 种		独栖性
犹胡蜂亚科	Euparagiinae	10 种		

胡蜂科的系统发育关系图

　　胡蜂科是一个大类群，迄今全世界已知5210种以上，分6个亚科，包括独栖性（单打独斗），亚社会性（居住在一起，但没有明确分工，是过渡型类群）和真社会性（有明确的社会分工）3类，是研究动物社会性起源的理想类群。我国最常见的胡蜂有3个亚科：蜾蠃亚科 Eumeninae、马蜂亚科 Polistinae 和胡蜂亚科 Vespinae。

　　胡蜂的社会在某种意义上可理解为女性王国 —— "女儿国"。胡蜂的性别决定机制与人类不同,它是染色体单双倍体机制,雄性胡蜂是由未受精的卵发育而来,只有1套染色体,即单倍体;雌性胡蜂是由受精卵发育而来,染色体加倍,是二倍体。雄性胡蜂只在一年中的特定时候出现,目的只有一个:交配(图为德国黄胡蜂 *Vespula germanica* 在交配,雄性为右,上位)!交配后的雄性胡蜂逐渐死去,雌性胡蜂肩负着生养后代的重任。

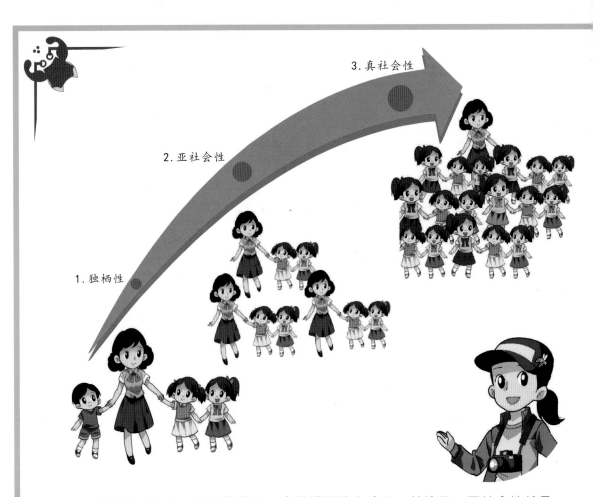

3. 真社会性

2. 亚社会性

1. 独栖性

　　简单打个比方，独栖性就是一个妈妈单独生孩子，养孩子；亚社会性就是多个妈妈都生孩子，养孩子，大家居住在公共社区，成员间无明确社会分工；真社会性就是妈妈和巢里先长大的女孩子有明确的等级和分工，妈妈主管生孩子，先长大的女孩子受妈妈分泌的女王信息素控制，不能生育，她们分工协作，主管捕猎、养育妹妹（增长期仍为保姆，繁殖期为新女王蜂）和弟弟（繁殖期才出现，仅用于交配），以及营巢建设等，成为事实上的保姆。这时，整个群体等级分明，井然有序，一旦感受到危险，就会群起护巢。

　　显然，能够进行群体防御、对人发动袭击的，只有分工明确、家族庞大的真社会性昆虫，也就是胡蜂亚科 Vespinae 的种类，如基胡蜂 *Vespa basalis*（左上图，职蜂；右上图，蜂巢）；马蜂亚科 Polistinae 的种类，如陆马蜂 *Polistes rothneyi*（左下图，职蜂口衔水珠；右下图，近百只陆马蜂趴在巢外）。

　　犹胡蜂亚科 Euparagiinae 是胡蜂科中最小的亚科，全世界仅10种，只分布在墨西哥北部和北美西南部。犹胡蜂挖洞建巢，独栖性，寄生于象甲，所以又叫象甲胡蜂（左图），英文名为 weevil wasps。该亚科的主要特征：第一亚盘室 SDC1 端部指状（右图）；cu-a 脉弯曲（红色箭头所指），着生于 M+Cu 脉的分叉点处；后翅基部有个大臀叶（绿色箭头所指）。

SMC1

2

　　马萨胡蜂亚科 Masarinae 英文名称 pollen wasps 或 honey wasps，俗称花粉胡蜂，独栖性。它的幼虫取食花粉，与蜜蜂相似，成虫筑泥室为巢。世界性分布，已知有14属344种，我国仅记录1种。该亚科的主要特征：触角棒状（左图），缘室端边 R 脉末端向内弯曲，与 Rs 脉交叉于翅内（红色箭头所指）；前翅2个亚缘室 SMC（右图）。

　　蜾蠃亚科 Eumeninae 是胡蜂科第一大亚科，全世界有3780余种，我国有51属300种左右。蜾蠃的英文名称 potter wasps。多数蜾蠃的巢是泥做的，有些蜾蠃的巢像一个泥壶，又称泥壶蜂或瓦匠蜂。蜾蠃亚科绝大多数种类是独栖性的，对人类安全没有威胁。"螟蛉有子，蜾蠃负之"，蜾蠃成虫将猎物用螯针麻醉后贮进巢内，供自己的幼仔取食，是不少农林害虫的天敌。

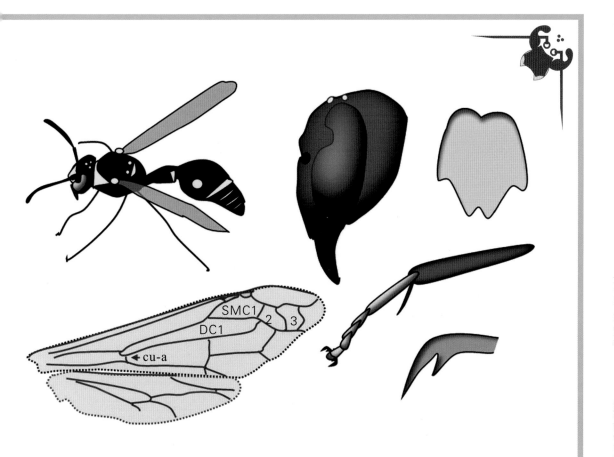

    判别蜾蠃需要了解一些专业知识。从侧面看，蜾蠃的脸颊向下极度变窄（上中图）；从正面看，蜾蠃的唇基前缘凹刻2齿（右上图），足端部的爪是分叉的（右下图），中足胫节端距一般为1个（右中图）。蜾蠃的翅脉（左下图）和后面介绍的胡蜂和马蜂类似，第一盘室DC1长于翅前缘的2/3，第一亚缘室大于第二亚缘室（SMC1>SMC2），横脉 cu-a 着生于DC1起点之后（红色箭头所指）。

　　不同种类的蜾蠃形态差别很大，腹部基部有的为细长柄状（左上图，镶黄蜾蠃 *Oreumenes decoratus* 在交配；右上图，镶黄蜾蠃在营巢），有的会像胡蜂亚科种类一样宽阔（左下图，黄喙蜾蠃 *Rhynchium q. quinquecinctum*）。不同类群，蜂巢的样式也有区别（右上图，右下图），有的蜾蠃还在木头里或空心芦苇秆内建巢。

　　狭腹胡蜂的英文名称 hover wasps。其并不十分常见，巢为纸泥巢，亚社会性。狭腹胡蜂亚科 Stenogastrinae 全世界有8属50种，仅分布在东洋区，我国记载有4属12种，多见于云南热带地区民房的木质房梁下：垂下的纤维树皮悬挂了一个松散小社区，丝毫不引人注意，即使人十分靠近，也不会群起攻击人。研究者至今没有发现它们的报警信息素物质。狭腹胡蜂将卵产进巢内，捕猎饲喂幼虫长大。尽管没有明确的分工和等级，但和独栖性的蜾蠃不同，狭腹胡蜂已能亲自照料幼仔，而不仅仅是贮备足够的粮食。

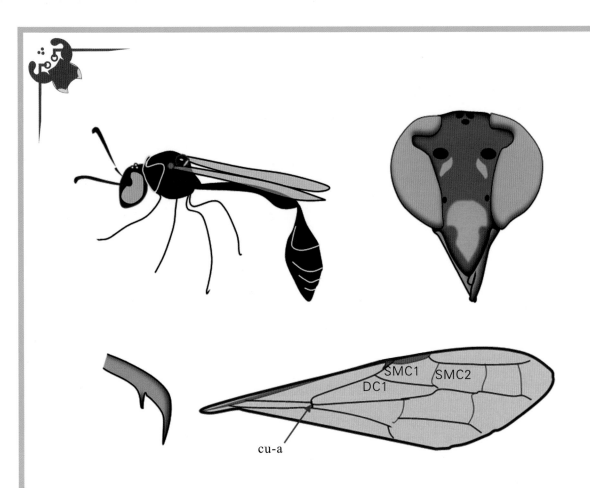

　　狭腹胡蜂亚科 Stenogastrinae 的特征：翅短，只达腹部第二节前半部，休息时不纵褶（左上图）；侧面观，颊极度变窄，唇基前缘1齿，触角窝远离（右上图）；前跗节爪具内齿（左下图）；腹部第一节长柄状（左上图）；前翅翅室 SMC1=SMC2（右下图），横脉 cu-a 着生于DC1起点处（红色箭头所指）。

　　马蜂是最常见的胡蜂科昆虫，喜欢在房屋附近筑巢，如房檐下、窗户上。

　　瞧这路边闲置的水泥管，既没人打扰，又坚固耐用，还可遮风避雨，这窝斯马蜂 *Polistes snelleni* 找到了一个理想的巢址。

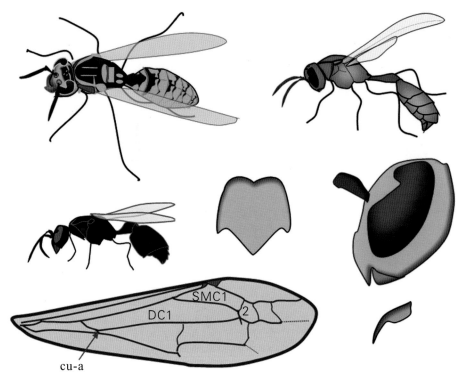

SMC1

DC1

2

cu-a

马蜂亚科 Polistinae 是胡蜂科第二大亚科，全世界有960多种，我国有3属60多种，分别是马蜂属 *Polistes*（左上图）、侧异胡蜂属 *Parapolybia*（右上图）和铃胡蜂属 *Ropalidia*（左中图）。马蜂亚科昆虫侧面观颊上下同宽（右中图），唇基前缘向中央逐渐变窄成1齿（中图）。前翅SMC2<SMC1，横脉 cu-a 着生于DC1起点处之后（左下图），足爪无分叉（右下图）。腹部第一节纺锤状（马蜂属）或柄状（侧异胡蜂属和铃胡蜂属）。人们常说的马蜂通常指马蜂属的种类。

　　马蜂多建单层巢脾，六边形巢口向下，巢柄黏结牢固。马蜂会把死去的幼仔尸体及时清理出去，倒吊的蜂巢在搬运尸体时更省力。马蜂亚科是典型的社会性昆虫，亚科内不同类群具有从初级到发达社会性生活的各个阶段。巢小且多裸露，易于观察，是研究社会性进化的理想模式昆虫。

　　图为常见的斯马蜂正在营巢，巢柄褐色有光泽，是由雌蜂腹部末端的凡氏腺（van der Vecht's gland）分泌的一种分泌物，对蚂蚁等天敌有驱避作用。这种腺体在马蜂亚科里只有单雌建群的种类才有。

　　很多常见的马蜂巢是圆形的，像倒扣着的盘子，也有不少让人惊叹的其他造型。上图钉子上和树枝上垂下的长条形巢，是侧异胡蜂的杰作。繁盛期侧异胡蜂密密麻麻地趴在巢外，炫耀着它们家族"蜂丁"兴旺。

与马蜂和侧异胡蜂相比，铃胡蜂并不十分常见。铃胡蜂腹部的第二节背板和腹板愈合成一个小"铃铛"，余下几节都可以缩进去，所以人们形象地叫它铃胡蜂。铃胡蜂的巢也有长条状吊起来的（左图，摄于陕南；中图和右图，黄贵强摄于贵州）。

　　马蜂蜂巢里有了等级和分工，相对"单干户"，这样协作的工作效率明显提高了。上图是尼泊尔的四斑马蜂 *Polistes quardricingulatus* 把捕到的猎物（可能是鳞翅目幼虫）咀嚼成肉糜，准备带回巢内饲喂幼虫（李涛 摄）。

　　约马蜂 *Polistes jokohamae* 的圆形单层巢脾（倪浩亮 摄）中，右上角两只马蜂在协作切开较大的猎物。职蜂捕猎饲喂幼虫的同时，也能从幼虫那里得到反哺的液滴（成分类似于牛奶，日本学者据此曾进行过功能饮料的研发）补充营养，二者互惠互利。马蜂亚科的社会化程度没有胡蜂高，一般不会主动攻击人，当人靠近蜂巢时，马蜂正面对敌，双翅乍起，保持警惕，只要不触动它的巢，很少发起攻击。即便如此，个体较大的马蜂，群体数量大时，群袭也可能给人造成较大伤害，所以要与之保持适当距离，不要故意惊扰。当经过受惊扰的马蜂巢时，马蜂会主动攻击。

　　造纸胡蜂的英文名称 paper wasps，它的巢是纸质的。其用上颚啃咬树皮、木头，收集植物表皮上的毛等纤维，和上有黏结作用的唾液，做成纸质的蜂巢，可以堪称世界上最早的造纸术了。图为陆马蜂在啃咬木头收集纤维材料。

　　马蜂的后足很长，所以很多地方把它叫作长足蜂。马蜂和黄胡蜂都能取水，马蜂可以六足张开浮在水面上，漂着取水（上图），黄胡蜂只敢在漂浮的枝条上或岸边取水。

繁殖期，野外可以见到雄性马蜂（左图：变侧异胡蜂 *Parapolybia varia*；右图：麦马蜂 *Polistes megei*）挤在一起，以增大异性发现和交配选择的机会。雄性马蜂的触角比雌性多1节，头部正面通常比雌性的颜色浅，看上去像"白脸"，有经验的人一眼就能分辨。

　　很多人把胡蜂与马蜂搞混了，经常把广义的胡蜂科昆虫与攻击人的胡蜂画等号，结果造成人们对所有蜂都恐惧。

　　"杀人胡蜂"蜂巢独特。上图是挂在山区房梁上的墨胸胡蜂*Vespa velutina* var. *nigrithorax* 巢，侧下方有1个巢孔，职蜂正在外面修巢。胡蜂蜂巢和马蜂蜂巢一样，都是纸质的，但是胡蜂蜂巢有个球状的外壳，常常挂在高处（大约20m），远看像人头形状，所以人们叫它"人头蜂"。

蜂巢里面是一层层倒吊着的巢脾，如果说马蜂盖的是平房，胡蜂则住的是多层的楼房，而且楼房外还包着外壳。显然，一大巢胡蜂要比马蜂的数量多得多，数量甚至达到成千上万。从一只创设女王蜂建巢到秋季繁盛的大巢，凝聚着这个"大家庭"一年的心血和希望，因此它们护巢的行为更为坚决。在我国，群袭致人死伤的，几乎都是胡蜂亚科Vespinae的种类。

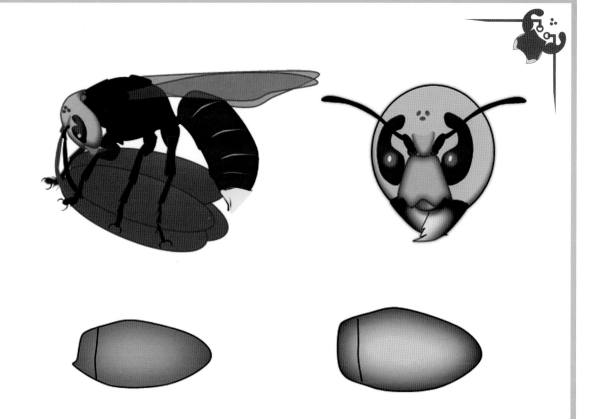

　　和马蜂亚科一样，从侧面观，胡蜂亚科的头部颊上下宽度无差异（左上图），触角窝正常，翅脉脉序相似；但胡蜂亚科唇基前缘中央有2齿（右上图），个别为3齿；腹部第一节前半部平截，侧面观与后半部形成垂直截面（左上图，左下图），背面观整个腹部轮廓像子弹（右下图），这一点和蜜蜂类似。

　　胡蜂亚科 Vespinae 全世界有70种，我国有4属46种。包括原胡蜂属 Provespa、黄胡蜂属 Vespula、长黄胡蜂属 Dolichovespula 和胡蜂属 Vespa，也就是人们常说的黄蜂和胡蜂。

常见袭人胡蜂

　　在我国，大家常说的"杀人胡蜂"，主要是指胡蜂属的种类。全世界已知胡蜂22种，主要分布在东南亚，我国有17种，陕西有12种，是全世界胡蜂属种类最多的地区之一。图为山区百姓屋檐下危险的人头蜂巢（墨胸胡蜂 *Vespa velutina* var. *nigrithorax*）。下面列举的是我国最常见的几种胡蜂，请大家关注和警惕。

残忍冷酷，南北第一大杀手

　　上图为我国南北地区最常见的基胡蜂 *Vespa basalis*，从其光滑的唇基，红褐色和黑色组合色系这两个特征很容易判断。可以说，基胡蜂是最危险的胡蜂，较其他种类更为凶猛，俗称"七里蜂"，号称狂袭追人7里；也叫"七牛蜂"，据传7只基胡蜂可杀死1头牛，堪称"南北第一大杀手"！基胡蜂和墨胸胡蜂一样，1年内的发生期长，有中期转建大巢的习性，大巢巢脾有10层以上，数量成千上万！每年消防队清剿胡蜂最多的就是这两种。

分布最广，武力第二的杀手

我国大部分地区最常见的是墨胸胡蜂（左上图），它是黄脚胡蜂 *Vespa velutina* 的一个颜色型，黄色的足跗节和完全黑色的胸部是它最明显的判断特征。墨胸胡蜂已经适应了城市生活，蜂巢常离人居环境很近，是"分布最广，武力第二的杀手"！云南的异凹纹胡蜂（右上图），头顶为黄色，是黄脚胡蜂的另一个颜色型。

左下图是陕南山区隐蔽的树巢，右下图是西安市内西北大学校园里的大树巢。

个体最大，威慑力第一的著名杀手

　　金环胡蜂 *Vespa mandarinia* 是胡蜂科个体最大的胡蜂，蜂巢多隐蔽，常在地下或树洞中（上图），尽管它并没有前两种胡蜂常见，可一旦踩踏上，后果很严重。金环胡蜂由于个体大，极易引起群众的关注。云南大胡蜂 *V. mandarinia* var. *magnifica* 是金环胡蜂的一个颜色型，被胡蜂养殖户极力推崇，甚至被人为培育，以求高产和奇特（注：当地人工培育的颜色奇怪的品种）。这种培育品种对自然界物种是否存在潜在威胁，尚需谨慎验证。

　　2020年报道，金环胡蜂成功入侵美国。

低调常见的隐形杀手

　　常见的胡蜂还有双色胡蜂 *Vespa bicolor*，又叫黑盾胡蜂。黄色虫体加上黑色的头顶和中胸盾片是它的识别特征。这种胡蜂似乎比前两种胡蜂温顺一些，虽然十分常见，但是攻击人的事例却较少。黑盾胡蜂和墨胸胡蜂的初期巢可能建在地下（左上图），也常在山区的屋檐下（右上图）、岩壁上（左下图）建大巢。初期蜂巢有被基胡蜂盗寄生的现象（右下图）。

形似第一的影子杀手

　　茅胡蜂 *Vespa mocsaryana* 和笛胡蜂 *Vespa dybowskii* 与基胡蜂的色系相同，易被混淆。茅胡蜂和基胡蜂的巢同样都是"人头状"（左上图），但茅胡蜂的唇基刻点密，不光滑（右上图）。笛胡蜂的巢则为隐蔽型，在树洞中（左下图）或房檐下（右下图），它前期不封巢口，开放式的营巢方式让人误以为是被人为破坏过的蜂巢。笛胡蜂胸部的整个盾片都是红褐色（左下图），是很好的野外识别特征。

很常见，却又是藏得最深的杀手

　　黄边胡蜂 *Vespa crabro* 因为腹部各节的黄边容易辨认，其蜂巢隐蔽，常见于树干中、墙缝里、郊区公园的台阶下，以及人工鸟巢中。蝉是它的主要捕猎对象之一，它与人不期而遇的概率也比较大。

　　被群众称为"两头乌"的其实有两个种，一种是黄纹大胡蜂 *Vespa soror*（左图），另一种是黑尾胡蜂 *Vespa ducalis*（右下图）。二者都在地下建巢，区别是看头部在复眼后膨大是否明显。黄纹大胡蜂常被云南人移巢放养在自家山坡上，作为食品等待采收，蜂群数量大。野外调查发现黑尾胡蜂的蜂巢并不大，它喜爱捕猎房檐下的马蜂。和金环胡蜂相似，"两头乌"个体大得吓人，但并不常见。

　　其实，胡蜂的颜色存在着等级差别、种内变异和种间模仿的现象，如果仅靠颜色来识别种类，很容易误判。

　　上图是5只黑尾胡蜂在一堆腐烂的果实上补充营养，右边这只背上多了块暗红色斑块（化龙山 荣海 摄）。有时这样的红色斑块会很大，几乎占满整个胸部，此时"两头鸟"显然就有些名不符实了。

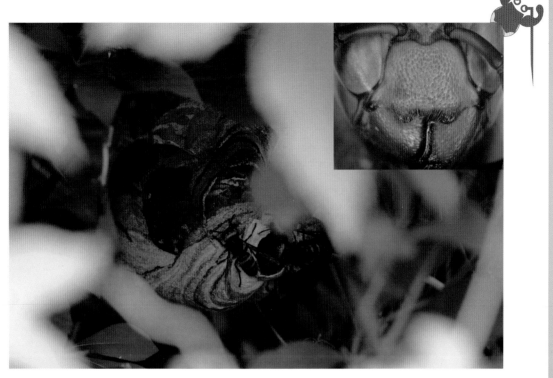

三齿胡蜂 *Vespa analis* 堪称模仿行家，它的体色和体型可以与金环胡蜂的多个地理型、黑尾胡蜂等类似。

"这么多样子，如何区分？"只要在显微镜下观察其唇基前缘就会发现，在整个胡蜂属，只有它形成了3个齿状突起（右上图），而其他种类都只有2个。这是它最易被识别的特征。

威力一般，南北最为常见的"青米"

黄胡蜂属 *Vespula* 的所有种类的蜂巢都建在地下或类似地下的黑暗隐蔽场所，部分种类也十分常见，通常个体较小，其中细黄胡蜂 *Vespula flaviceps* 最为常见（倪浩亮 摄）。近几年有报道，在我国有小孩到郊外玩耍时被细黄胡蜂蜇伤的案例，但它的毒性小，不是高度过敏体质的人，一般不会有生命危险。

特别提醒：轻度蜇伤，应做好伤口消毒工作，以免被蜂携带的病原微生物感染致病。

威力一般，西北常见的黄蜂

在西北干旱地区，比较常见的还有德国黄胡蜂 *Vespula germanica*。上图为新疆的德国黄胡蜂（陈刘生 摄）。黄胡蜂和胡蜂的区别主要是其头顶单眼到后头沟的距离，黄胡蜂的较短，约等于后单眼间距。

其貌不扬，能交叉过敏的冷门杀手

　　长黄胡蜂属 *Dolichovespula* 的种类不常见，它的蜂巢一般建在地面上，有的隐在草丛中，有的挂在树枝上。长黄胡蜂与胡蜂的蜇刺有交叉过敏反应，在野外活动时，应加以警惕。长黄胡蜂的蜂巢花纹和其他胡蜂贝壳状的花纹不同，它的蜂巢外壳为长横纹。长黄胡蜂复眼下缘与上颚基部距离远，而黄胡蜂复眼下缘与上颚基部几乎相接。上图为花长黄胡蜂 *Dolichovespula flora* 的蜂巢。

052 等闲识得胡蜂面

　　黄胡蜂的女王蜂、雄蜂和职蜂在体型、颜色上会有较大差别，如果仅凭1个等级鉴定，连专家也会出错。已故胡蜂专家李铁生先生，1986年仅依据在四川采集到的职蜂（中图），发表了1个种——点长黄胡蜂 *Dolichovespula stigma*。1987年，英国胡蜂专家 Michael Archer 先生则凭1头女王蜂（左图），也发表了1个新种——百丽长黄胡蜂 *D. baileyi*。近30年来，人们一直对它们的其他等级无从知晓。2013年，本书第一作者在秦岭中首次发现了该种的雄性（右图），之后连续3年不懈地进行野外考察，终于发现了一蜂巢中的3个等级。原来，所谓的百丽长黄胡蜂其实是点长黄胡蜂的女王蜂（Tan et al., 2017）！

云南土著，威力惊人的夜行杀手

原胡蜂属 *Provespa* 俗名"小夜蜂"，体黄褐色，无彩饰的"夜行衣"和头顶上3个发达的单眼是它最明显的鉴别特征。全世界有3种，我国仅有平唇原胡蜂 *Provespa barthelemyi* 1种，分布于云南热带地区。原胡蜂的蜂巢建在地面上，喜欢到灯下捕食小昆虫。

如果有人试图晚上去摘取它的蜂巢，要小心被蜇伤，因为它可是夜出型的哦！

胡蜂的生活史

熟悉温带地区胡蜂的年生活史，
有助于了解胡蜂帝国的盛衰起落：

三月旭日暖，催醒沉睡客。

饱饮甜树汁，家园独创设。

啃木收纤维，唾液和成浆。

巢室六角排，外壳小伞张。

新室日日增，旧室天天长。

卵幼皆女将，巢壳如铃铛。

苦熬月有余，成蜂出"闺房"。

甘为劳役苦，产卵归女王。

巢口改一侧，出入甚繁忙。

虽是女儿国，行事循规章。

分工有协作，家族渐兴旺。

囿于空间小，八月转大巢。

蜂多建巢快，高高挂枝梢。

九月秋风起，女王感凄凉。

控制卵受精，雌雄有保障。

十月雄蜂出，寻配新女王。

成员万千强，母蜂终累殁。

职蜂无复加，碌碌寿不长。

雄蜂交配后，没于寒风狂。

新王担重任，饱食穴中藏。

来年春日暖，再造国辉煌。

3～4月
越冬女王蜂出蛰，
吸树汁补充体力

5月
女王蜂单雌建巢

12月～翌年2月
休眠且避冬日寒，
穴内静待阳光暖

10～11月
雄蜂和新女王蜂羽化。交
配后，雄蜂逐渐死亡，新
女王蜂贮存大量营养，寻
找越冬场所

6月
第一批职蜂羽化，
转建大巢

7～8月
职蜂数量增多，蜂
巢不断增大

9月
女王蜂开始产部分未受
精的卵，繁育雄蜂和来
年的新女王蜂

　　"万丈高楼平地起"。秋季庞大的胡蜂帝国，开始于越冬后女王蜂的单雌创设。左上图为长黄胡蜂的创设女王在巢脾与蜂巢外壳间休息，虫体蜷曲环绕基柄，加热蜂室（R. Bijlsma 摄）。初期蜂巢的造型有不同：左下图为黄胡蜂的初期蜂巢外壳，刚封至巢口，形如倒瓮；右图为三齿胡蜂的初期蜂巢，巢口向下延伸，就像一只倒挂的长颈花瓶(化龙山 荣海 摄)，算是蜂巢中的"奇葩"，这样的结构能够更好地防御入侵并适应低温环境。

　　每年7～10月，胡蜂蜂巢里的职蜂（有螯针的雌蜂）数量较多，外出时，应多加小心。上图为9月秦岭里的基胡蜂大巢。胡蜂冬眠与温度有关，在热带地区，有些胡蜂能常年建群。北方12月的蜂巢，在温暖的阳光下，有时候也会有个别蜂出入。所以，即使是在11月大多数蜂群衰落已经很少攻击人时，也不要贸然去捅蜂巢。

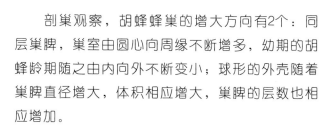

　　剖巢观察，胡蜂蜂巢的增大方向有2个：同层巢脾，巢室由圆心向周缘不断增多，幼期的胡蜂龄期随之由内向外不断变小；球形的外壳随着巢脾直径增大，体积相应增大，巢脾的层数也相应增加。

　　胡蜂真不愧是自然界的建筑大师！

　　剪去白色茧盖可以看出，幼虫和蛹的腹面都朝着圆心方向，由内向外依次为蛹、老龄幼虫、低龄幼虫、卵。如果成虫羽化，则修去白色茧盖，重复利用，再往里产卵，新的世代与老的世代重叠。

　　上图是墨胸胡蜂8月巢中的一层巢脾，由内向外，环状排列了2个世代的茧室。胡蜂从卵到羽化，大概需要40天，其中卵期约6天，幼虫期12天，封盖期约20天。温度变化，也会有数天差异。胡蜂一年可完成3个世代。

胡蜂为什么能杀人

胡蜂袭人　请勿靠近

小心胡蜂

蜜蜂的螯针

黄边胡蜂的螯针端部

　　"青竹蛇儿口（左上图，竹叶青），黄蜂尾后针（右上图，金环胡蜂）。"胡蜂能杀人，主要是因为其尾后有毒针（左下图，黄边胡蜂的螯针从腹部末端拽出，螯针平时藏在腹内）。在显微镜下比较蜜蜂和黄边胡蜂的螯针（右下图），端部都有倒刺，胡蜂的倒刺相对螯针宽度更小。多数胡蜂蜇人后螯针并不像蜜蜂那样留在人体皮肤内，而是可以轻易拔出，再次利用。一些体型较小的黄胡蜂也可能会将螯针留在人体皮肤内。

　　昆虫为了把卵产进特殊的地方（左图：褶翅小蜂把卵产在树干里的寄主，如木蜂、沙漠石蜂等幼虫的体内），在腹部第八、第九节会特化出刀状、剑状或针状的产卵器。胡蜂的螯针实际上也是产卵器，不过已经不再用来产卵，而是专门特化为防御武器——螫刺的毒针，平时收在腹内，并不外露。所以，螫人的蜂都是雌性，因为雄性没有产卵器，当然也就不能螫人了。

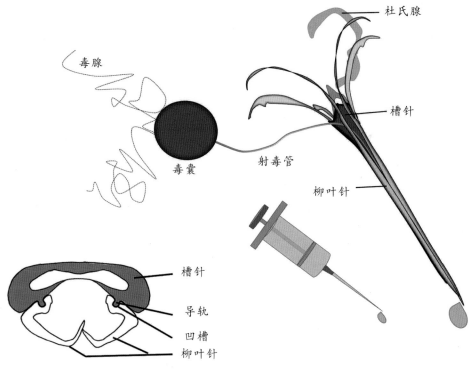

杜氏腺

毒腺

槽针

毒囊

射毒管

柳叶针

槽针

导轨

凹槽

柳叶针

　　螫针由1根腹面为凹形的槽针和2根窄细的柳叶针通过嵌套，形成空心管状结构。2根毒腺是蜂毒的制造工厂，它们将分泌的毒液暂时贮存在毒囊中，毒囊外包被着发达的肌肉，收缩时将毒液经射毒管，从嵌套形成的空心管中射出，就如同给人体注射药物的针管一样。

用pH试纸测试变胡蜂 *Vespa fumida* 蜂毒的酸碱值

0.4%医用苏打水

用弱碱性溶液清洗伤口！

弱酸性

医用苏打水

　　胡蜂的毒液为弱酸性，临时蜇伤处理时，用弱碱水清洗，能缓解痛苦。然而，蜂毒的主要成分是大分子酶类和活性蛋白，是强大的过敏原，这些外源蛋白进入人体后，能够被免疫系统识别，引起人体过敏反应。**因此，仅靠酸碱中和的方法解蜂毒，并不能解决根本问题。**

表1　社会性胡蜂（马蜂、胡蜂、黄蜂）、蜜蜂蜂毒和蛇毒的主要成分对比

成分大类	社会性胡蜂蜂毒	蜜蜂蜂毒	蛇毒
大分子酶类、活性蛋白	磷酸酯酶A1（PLA1）10%～25% 溶血磷脂酶B（LPB） 蜂毒过敏原抗原5（Ag5） 透明质酸酶（HAase） 丝氨酸蛋白酶（马蜂）	磷酸酯酶A2 12% 透明质酸酶 2% 丝氨酸蛋白酶	蛋白水解酶 磷酸酯酶A2 透明质酸酶
小分子肽类	蜂激肽Kinins（黄蜂、胡蜂、马蜂） 蜂毒肽mastoparan（黄蜂、胡蜂、马蜂）	蜂毒明肽（Apamin）3% 蜜蜂毒肽 50%	多肽类
生物胺类	组胺、5-羟色胺、多巴胺、乙酰胆碱（胡蜂）	组胺、多巴胺	神经毒素（突触前后）、乙酰胆碱受体竞争结合
致死机理	细胞毒素（细胞膜系统被破坏、溶血）、神经毒素（疼痛感强、神经通路受阻）扩展因子	细胞毒素、神经毒素	心肌毒素、细胞毒素（溶血）凝血酶激活

注：1. 表中把最主要的蜂毒成分用红颜色标识，蓝色标识代表该类群独有的成分。
　　2. 蜂毒的组成为26%固形物+水，其中固形物成分的76%是蛋白质。蜂毒成分因种类不同而有差异，系统发育（亲缘）关系越近，蜂毒成分越相似。
　　3. 社会性胡蜂的蜂毒成分基本相似，会产生大量的交叉过敏反应。也就是说，如果你对一种胡蜂过敏，那么可能其他多种蜂蜇也会交叉过敏。
　　4. 社会性胡蜂的用毒目的就是御敌，蜂毒成分里还有挥发性报警信息素，会召集全巢群起进攻；而蛇用毒的目的是捕食和消化。由此推测，蜂毒比蛇毒更毒，对人更有威慑作用。

　　社会性胡蜂的毒液成分中最主要的是大分子酶类和活性蛋白，主要有磷酸酯酶A1(PLA1)、透明质酸酶（HAase）和蜂毒过敏原抗原5（Ag5），也有溶血磷脂酶B（LPB）等，被称为致死蛋白，能够直接破坏生物膜系统，造成溶血、细胞坏死；而蜜蜂蜂毒的主要成分则是蜜蜂毒肽等肽类。胡蜂属蜂毒的独有特征是生物胺类成分中含有大量的乙酰胆碱。马蜂和蜜蜂的蜂毒成分中有一个共同点：均含有丝氨酸蛋白酶。

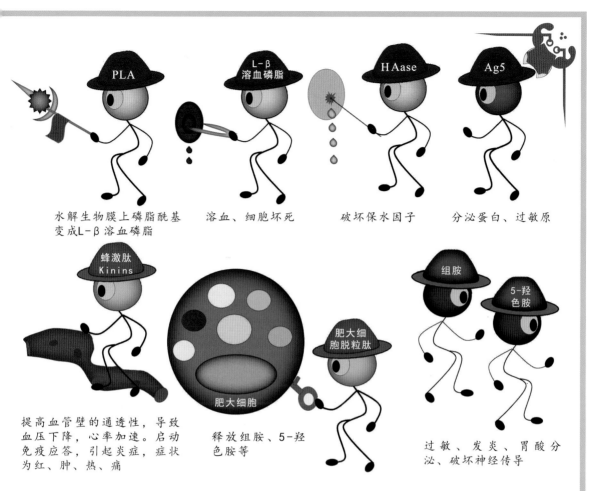

水解生物膜上磷脂酰基
变成L-β溶血磷脂

溶血、细胞坏死

破坏保水因子

分泌蛋白、过敏原

提高血管壁的通透性，导致
血压下降，心率加速。启动
免疫应答，引起炎症，症状
为红、肿、热、痛

肥大细胞

释放组胺、5-羟
色胺等

过敏、发炎、胃酸分
泌、破坏神经传导

　　按成分和作用不同，把蜂毒分成3支部队：红盔部队是蜂毒致死蛋白，并作为过敏原引起体内的过敏反应；蓝盔部队是小分子肽类，改变血管的通透性，开启免疫系统，释放肥大细胞内的过敏反应部队（绿盔部队）；绿盔部队由组胺、5-羟色胺、乙酰胆碱等生物胺类组成，破坏神经传导系统，引起发炎、呕吐、视力不清等。这3支部队协同作战，威力加倍，会引起全身多处脏器受损。严重蜇伤患者，在短时间内如果没有得到专业救治，极易丧命。即使救治措施得当，也相当于与死神赛跑。

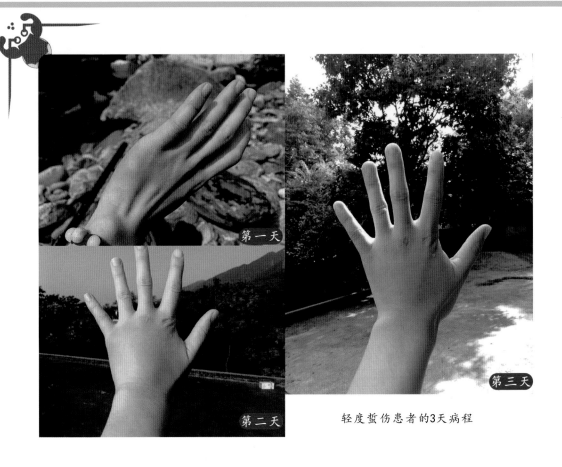

第一天

第二天

第三天

轻度蜇伤患者的3天病程

　　蜂蜇后的伤情和过敏程度取决于个人的体质、蜂蜇的部位，以及毒液注入总量。一般体质的人，遭蜂蜇后会有火辣辣的疼痛感和身体不适，1天后开始减轻，2~3天后恢复正常。大部分人被1头蜂蜇1次不会有生命危险。

　　图为被基胡蜂轻度蜇伤患者的3天病程：左上图为遭蜂蜇伤后30分钟，涂抹了皮炎平，左下图为蜇伤后第二天，肿胀部位扩大到手腕处，遵医嘱服用了1次氯雷他定抗过敏药，右图为蜇伤后第三天，症状好转。

　　部分医院把被蜂蜇10针以下称为轻伤，普通人被蜇50针左右会有生命危险。通常遇到的情况是：要么被一两只蜂蜇1~3针，要么就是被大群胡蜂攻击，基本上都会超过10针。

　　本书建议轻伤的上限可以再低些，如5针以下。如果普通人被蜇超过5针，就应该引起重视，就医观察。

图说胡蜂的认识和预防 071

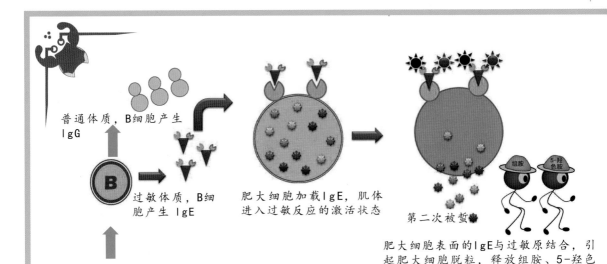

普通体质，B细胞产生IgG

过敏体质，B细胞产生 IgE

肥大细胞加载IgE，肌体进入过敏反应的激活状态

第二次被蜇

肥大细胞表面的IgE与过敏原结合，引起肥大细胞脱粒，释放组胺、5-羟色胺等物质，诱发高度过敏反应

蜂毒
第一次被蜇

T-淋巴细胞识别到过敏原，诱导B细胞产生抗体

2~4小时后，合成更多延迟效应的次生化学物质

这些因子作用效果更持久，吸引更多的过敏效应细胞，如嗜酸性粒细胞、嗜碱性粒细胞、中性粒细胞等，进而像滚雪球一样放大，形成传遍全身的超敏反应

　　高度过敏体质的人，被蜂蜇1次就可能丧命！蜂毒作为外源性蛋白，尤其是目前尚未完全研究清楚的蜂毒过敏原抗原5（Ag5），极易诱发体内的高度免疫过敏反应，它的可能性机理是过敏性抗体IgE介导的过敏反应。过敏数小时后体内会合成更多延迟效应的次生化学物质，如滚雪球般放大，形成全身超敏反应（免疫风暴）。有人被蜂严重蜇伤后当时感觉良好，没留院观察，到半夜发作起来，几乎丧命，因此万万不可大意。

临床上迄今尚无安全的蜂毒免疫治疗的方法和试剂。有不少人错误地认为，被蜂蜇后体内会产生抗体，从而能逐渐获得免疫。其实，人的体质会因年龄和身体状况等原因而发生变化。蜂毒在部分人的体内可能会有累积效应，一旦过了临界点，会突然变为高度过敏体质，就像大坝蓄水一样，一旦到了极限，一丁点儿刺激就可能引起决堤，引发高度过敏症状。

　　高度过敏体质的人（3%～25%）和长期暴露在强烈的过敏原周围的人群，如消防员（左上图）、野外科研采集者（右上图）、林业人员（左下图）、园丁、养蜂人及其周围的邻居（右下图）、肉贩、水果摊主、农民、驴友、肥大细胞增高症者等，都可能属于蜂蜇过敏而高度危险人群。

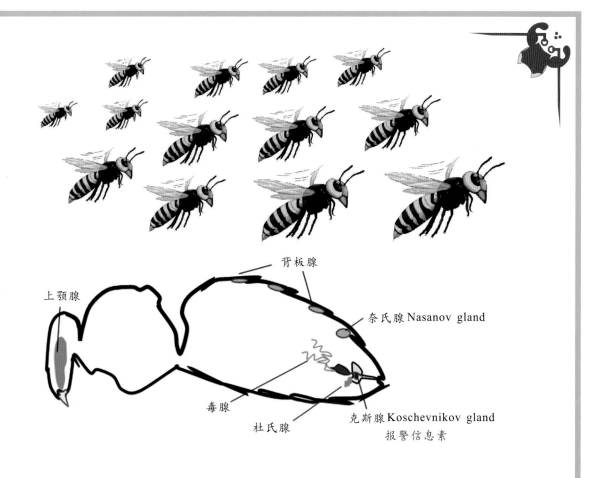

背板腺

上颚腺

奈氏腺 Nasanov gland

毒腺

杜氏腺

克斯腺 Koschevnikov gland
报警信息素

　　"杀人蜂"最可怕的是群袭！胡蜂（上图）、蜜蜂（下图）、马蜂等社会性蜂在蜇刺时，蜂毒成分中的一些小分子挥发性气体作为化学联络信号，即报警信息素，能迅速召集同伴，发动群体攻击。这也就是被1只蜂蜇，其他蜂能迅速准确锁定攻击目标的原因。在蜂巢附近扑打落在身上的胡蜂，很可能招来群体性的疯狂报复。蜜蜂的报警信息素由位于蜇针基部的克斯腺分泌。

2-戊醇

香蕉水

报警信息素的成分很多，目前已知的有2-戊醇、3-甲基-1-丁醇、2-甲基-3-丁烯-2-醇、异戊醇、3-甲基丁酸丁酯等，散发着淡淡的香蕉水、薰衣草或茉莉花的香气。有些化妆品香料或食品香精里含有这些成分，也许在你不经意使用这些物品时，就会招来一群愤怒的胡蜂。

表2 不同胡蜂蜂群的大小比较

种类	职蜂数（只）	蜂室（个）	巢脾数（层）	职蜂寿命（天）
基胡蜂	558，5138，7051	2347～40086	6～15	16～31
金环胡蜂	147～179，514	675～4661	5～	14.8
墨胸胡蜂	135，1129～2456	586～11912	5～11	10～17～142
茅胡蜂	265～299	948	3～5	—
黄边胡蜂	162～426	595～5566	3～33	16.6
三齿胡蜂	55，525～628	267～3050	4～8	19.8
黑尾胡蜂	13～85～93	333	—	34.9
笛胡蜂	—	683	3	—

收集的剖巢资料显示，在常见的胡蜂中，基胡蜂和墨胸胡蜂巢内职蜂数量最大，数量可达7000多只，而且二者均分布很广，可以说是最常见、最危险的胡蜂。金环胡蜂的1次蜇刺，仅注入约3μg剂量的蜂毒，致死力可达270mg，群致死力可达68kg/巢。如果一大巢基胡蜂群袭，蜂群的致死力可达675kg，相当于杀死一头健硕的牛。

胡蜂捕猎时，常处在不卫生的环境中（如露天的垃圾场），因此，被蜂蜇的伤口有可能会被病菌感染，故而应对被蜇的伤口进行必要的消毒处理。通常选用75%的医用酒精消毒。

胡蜂的利与弊

　　我国部分山区的居民有食虫的饮食习俗，令人"谈蜂色变"的胡蜂在他们眼里却是难得的野味。中央电视台曾报道云南有人把胡蜂初期巢从野外带回，放置在自家山坡上，待秋季收获珍馐。这一习俗影响和带动了少部分人养殖胡蜂，售卖越冬蜂王或初期蜂巢以及胡蜂产品。还有个别人在秋季到处摘蜂巢谋利。

　　养殖品种是否会影响自然物种的问题尚需科学验证，养殖胡蜂的生态风险评估工作也急需展开，同时，少数人吃蜂蛹会出现过敏症状也应该引起注意。

和蜜蜂一样，胡蜂其实也是传粉的"功臣"。出于摄取营养的需要，胡蜂成虫也有访花吃蜜的习性，胡蜂体表的毛和刻点均能携带花粉。

上图螵蠃身上的刻点就是花粉理想的"家"！

捕猎的雌性胡蜂是主动去给兰花传粉吗？真相还有待详细调查。

 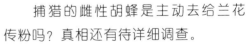

聪明的兰花会"烽火戏胡蜂"！Brodmann等（2009）发现，受花儿发出的蜜蜂报警信息素类似物的欺骗，黄脚胡蜂会为海南华石斛 *Dendrobium sinensis* 授粉；我国研究者也发现，云南的党参 *Condonopsis subglobosa* 能吸引胡蜂为其授粉。

深山绿叶茎，白绿淡彩铃。高寒蜜蜂少，缺媒愁传承。
海南华石斛，云南党参藤。久旱念甘霖，枯木思春逢。
假装小蜜蜂，激素来报警。胡蜂急来访，错当狩猎营。
烽火戏胡蜂，传粉被役从。项庄频舞剑，其意在沛公。

在干旱地区，为了抵抗不良环境，个别马蜂有贮存花蜜的习性。上图马蜂蜂巢里浓浓的花蜜，就是它访花的见证。

　　在海拔较高的山区，飞行能力好的胡蜂是山茶花授粉的"主力军"。上图为云南大胡蜂的访花行为。

威力惊人，却被云南人当宠物养的云南大胡蜂

虽然大多数昆虫能做花媒，然而自然界能够传播种子的昆虫并不多。我国研究者发现（陈高 摄），胡蜂能携播大百部种子：

种子办法多，善借力远播。蒲公英随风，椰子逐海波。

苍耳粘毛皮，豆荚弹力果。云南大百部，复杂又奇特。

种基油脂体，气味如虫蛾。拟似血淋巴，碳氢作线索。

信号挥发去，胡蜂闻见乐。俯冲如鹰隼，成功得捕获。

飞至安全区，安心修战果。摘去硬种壳，留下肉质坨。

咀嚼成烂糜，饲喂巢中客。弃种一落地，蚂蚁抬回窝。

二虫同力作，完成种传播。造化叹神奇，自然妙选择。

胡蜂是重要的生防昆虫，是体型较大昆虫的主要天敌，对农林害虫的控制和维护自然生态平衡有重要作用。

螫针刺神经，奄奄生无望。

塞封育儿室，哀哀做食粮。

右图是蜾蠃巢里的猎物。

　　2020年，本书第一作者在湖南考察时，观察到有蜾蠃出入，首次剖开一块木头里的巢发现，为了幼仔的成长，"妈妈"储备了满满一巢的食物！

　　马蜂和胡蜂的幼虫都是肉食性，满巢的幼仔全靠雌蜂捕猎饲喂肉糜长大。捕食量非常可观。黄边胡蜂 *Vespa crabro* 最早就是作为生防天敌，从欧洲引入美国的。在日本，有人将初期胡蜂蜂巢移入田地周围或荒山来防治害虫。20世纪70年代，我国河南、湖北、湖南、浙江、安徽等地都开展过胡蜂防控农业害虫的工作。

　　胡蜂也是重要资源昆虫蜜蜂、柞蚕的天敌（Q Rome 摄），十几只金环胡蜂联合作战，就可摧毁一座蜜蜂蜂巢。据日本、以色列专家统计，每年有10%～20%的蜜蜂蜂巢被胡蜂毁掉或占据。所以，胡蜂对蜜蜂和柞蚕养殖业有较大影响。

在山区，蜜蜂蜂巢前常发生"胡蜂与蜜蜂的战争"：

天朗浮云闲，小径结蜂缘。蜂兵列严阵，强敌压巢前。

尾翘点狼烟，振翅即亮剑。警戒入侵者，誓死护家园。

胡蜂猛似虎，蜜蜂弱如羊。猛虎善捕猎，群羊善提防。

兵家势无常，弱亦能胜强。重重围垓下，霸王走乌江。

高手自有招，避实就虚巧。防区外盘旋，专攻蜂回巢。

强弱各有道，魔长道亦高。生命为赌注，岂敢差分毫。

上图为黄胡蜂在啃咬葡萄。因爱食甜蜜，胡蜂被列入果园防治对象。

南方实力派杀手

　　上图为广东、福建、海南等地常见的黄腰胡蜂 *Vespa affinis* 在啃食葡萄。这种胡蜂有时在农户阳台上建巢，要警惕其袭人。有时胡蜂会钻进晾晒在阳台上的衣服里，人穿衣时没发现，就会发生被蜇事件！

胡蜂啃咬嫩枝、树皮，可能会损害部分枝条。

　　胡蜂最大的危害是袭人。每到果实成熟的季节，全国多个省份都有关于胡蜂袭人致伤、致死的报道。

　　在陕西的关中和陕南地区胡蜂袭人较为严重，在2005年、2013年秋季爆发了两次惊动中央的胡蜂袭人事件。特别是2013年，陕西关中、安康、汉中等地发生了1685人被蜇伤、42人死亡的惨剧，在国内外引起了强烈反响。胡蜂也随之背负上"杀人"的恶名，令不少群众"谈蜂色变"。

　　袭人胡蜂在一定程度上已经成为影响社会安定、农林生产和人居环境安全的恶性公害，"清剿胡蜂"成了消防应急大队每年秋季最繁重、最危险的工作之一。摘除蜂巢，在局部地区短时间内能有效降低胡蜂对人群的危害，是目前应对胡蜂灾害发生最直接的方法。但也曾发生过个别消防人员被蜇伤，甚至牺牲的悲剧。

胡蜂的野外预防

精准脱贫作战室
JING ZHUN TUO PIN ZHUO ZHAN SHI

城关镇 平利县 沙河村

中共平利县 城关镇 沙河村党支部委员会

胡蜂防治

西北大学
NORTHWEST UNIVERSITY
最美"美丽中国"
"三下乡"社会实践团

　　将胡蜂纳入环境自然控制的良性循环，让其不伤人、少伤人，最好的防控办法是科学认识胡蜂，保持警惕意识，避开胡蜂，避免被蜇。上图为2019年西北大学"三下乡"胡蜂防控宣传小组在安康市平利县走访宣传。

野外防护蜂

长袖宽衣扎紧口，少露皮肤帽遮头。

过敏体质需谨记，抗过敏药不离手。

一句话:要时刻保持警惕!

在胡蜂出没的季节，外出时，养成穿长袖衣服、戴帽子的习惯，以免胡蜂来袭，猝不及防，而使身体暴露部位成为胡蜂攻击的目标。个别品牌的香水或者香皂的气味（如香蕉水味、茉莉花味、薰衣草味等）可能会和胡蜂的报警信息素化学成分类似，外出时应谨慎使用，避免招来莫名其妙的袭击。高度过敏体质者应随身携带抗过敏药（如西替利嗪、氯雷他定、醋酸地塞米松片等），根据个人情况遵医嘱使用。

轻度蜇伤的临时处理建议
和应急包常备物品

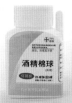

　　野外难免会有毒虫出没,随身携带防蜂应急小包,能在意外发生时,做应急处理。包里常备物品包括:真空毒液吸排器,75%的医用酒精和药棉,抗过敏药(高度过敏体质者必备),红霉素软膏,皮炎平,芦荟膏等。如果是被1~2只蜂轻度蜇伤,用吸排器迅速在蜇孔处吸去毒液,酒精消毒后,抹上皮炎平等消肿药品后能够很快好转;高度过敏体质者,及时服用抗过敏药可暂保性命无虞。

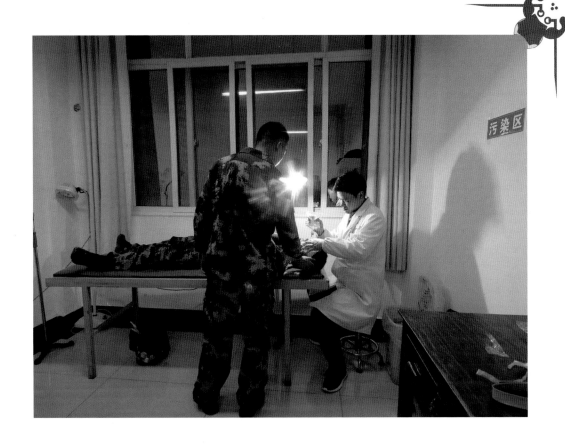

污染区

处置蜂巢时，应备上生理盐水。在处置蜂巢的过程中，如果胡蜂的毒液喷射到眼睛里，应迅速用大量的生理盐水冲洗眼睛。如不及时冲洗，可能导致失明。必要时应及时就医。用普通的蒸馏水冲洗时，由于与眼睛内的酸碱不平衡，会刺激得眼睛不能睁开。

野外防护蜂

穿衣戴帽急救药，警惕草丛与地巢。
篱深果繁山间好，高枝常挂葫芦包。
搽香水、抹香皂，香气可把胡蜂招。
尤诚顽童归来早，擅击蜂包殃祸苗。
防范工作记得牢，遇险也能把灾消。

小心胡蜂

胡蜂袭人，请勿靠近！

　　蜂巢一旦受过惊扰，胡蜂会加倍警觉，这时如果碰巧有人经过，就会被袭。因此，应严禁私自袭扰蜂巢或进行不专业的处置胡蜂蜂巢行为，避免发生悲剧！尤其应注意个别以吃蜂仔、摘卖胡蜂蜂巢为目的的人员在没有成功摘取而惊扰蜂巢后，不负责任地离开，未树立任何警示牌的行为。

　　严重被蜇伤患者，不可盲目自行处理，以免耽误救治时间。建议尽快就近送医。冰袋冷敷，苏打水清洗伤口，都有助于暂时缓解疼痛。时间就是生命！一次性注入大剂量的蜂毒会引起人体机能严重损伤，如重度溶血，肝、肾等多脏器功能衰竭，急性呼吸紧迫综合征等，因此必须尽快进行专业救治。蜂毒比蛇毒还要厉害！堪比和死神赛跑。

重要提示：对于重症患者，毒液在体内有过敏反应的前期阶段（肥大细胞激活前）和后期阶段（肥大细胞制造并释放细胞因子）。有人被严重蜇伤后，不明白蜂毒在体内的发病规律，在反应的前期阶段，自我感觉身体良好，便私自脱离医院监护而错过救治时期！殊不知一旦到了后期阶段，各种延迟因子会像滚雪球一样被放大，迅速引起各种问题，往往难以救治。

2600万年

200万年
"人猿相揖别"
能人

社会性胡蜂化石被
发现于德国罗特

人类能否将胡蜂斩尽杀绝呢？

胡蜂科是地球上古老的生物类群。化石记录显示，胡蜂在地球上已经过近亿年的进化和适应。最早发现的社会性胡蜂化石年代距今有2600万年。经过千万年的进化，胡蜂比我们人类更知道如何适应自然。人类注定要和胡蜂世世代代相处下去。

  以高繁殖率应对大自然的淘汰，社会性胡蜂更高一筹！自然界每年平均只有0.9％的胡蜂能够成功建巢，自然淘汰率很高。"一蜂建一国"，女王蜂春季单雌建巢（右下图），到秋天，大巢内（左图）可繁殖出数千只新女王蜂，即使越冬后死亡率达到99.91％，但仅剩的0.09％也足以保证胡蜂来年的种群数量不受影响。

法国

美国

　　墨胸胡蜂可能于2005年传入法国，短短3年，就传遍法国2/3的地区，尽管年年作为入侵昆虫被捕杀，但现在已传到欧洲多个国家。2020年报道，金环胡蜂成功传入美国，引起了当地政府的担忧。

我们注定要和胡蜂世代共存了。建议我们以家、以企业、以地区为单位，建立起自己的胡蜂监测小系统，积累数据，以便掌握当地的胡蜂种类、习性，以及分布和发生规律。踏查蜂巢时或消防队清剿胡蜂时，做好标本收集、采集时间，采集人以及蜂巢地点等信息的记录，并在相应的网站上收录，分析，进而准确把握该地区胡蜂的发生规律，准确预测未来的胡蜂发生趋势。

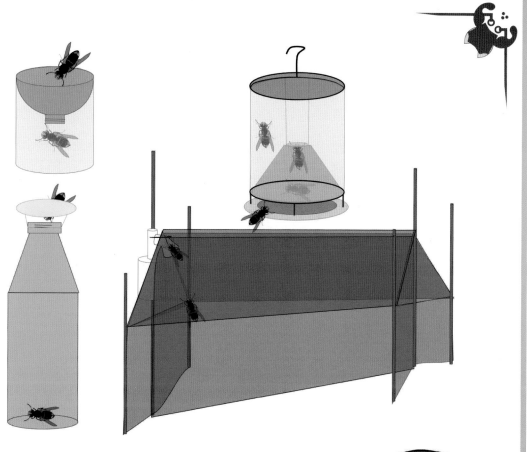

　　我们可以自制诱蜂瓶（左上图，左下图）或者诱蜂笼（右上图），加入引诱物来调查常见胡蜂的种类和发生情况。黄色、糖醋液、啤酒、蜂蜜水、虫体或小肉块儿、水果等均对胡蜂有吸引作用。也可以布置专业的马氏网（右下图）开展调查，以便较好地掌握当地胡蜂的种类。

  及时排查自己居住环境周围的危险蜂巢，尤其是早期小巢，要早发现、早处理，避免后期成祸患；对需要防备却没必要或不方便摘除的大巢，贴上警示标识，并在15~20m范围内拉上警戒线，或者布上防护网，有效与人隔离开，勿扰两相安。位置十分危险，必须剿除的大巢，应及时报告有关部门，由专业人员处理。

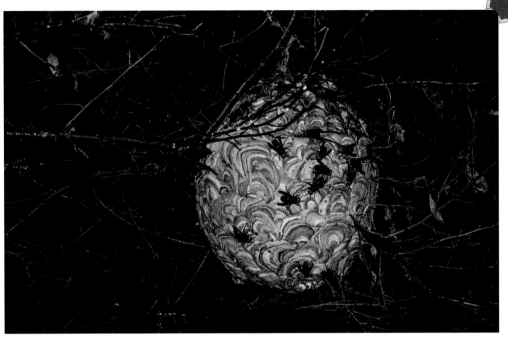

胡蜂谣

客从山中来，谈蜂声色变。本是平常物，描摹如魔患。

种类有五千，人类何以堪！听您一席言，特作科普篇：

胡蜂俗名多，内容互包含。科下六亚科，寻常见其三。

蜾蠃三千七，独栖无危险。马蜂种近千，群小无大难。

常见单层盘，倒悬瓦屋檐。胡蜂亚科小，种类七十满。

适应近亿年，它是林中仙。多数隐山间，个别城中现。

树大楼群高，闹市求发展。巢壳如人头，内脾多层连。

社会明分工，女王主生产。成员上百千，捕猎护家园。

爱嚼蜂和蝇，喜饮花果甜。控制害虫量，生态做贡献。

一旦群来袭，十人九不还。外出多警惕，勿扰两相安。

后 记

2015年，我的第一本著作《致命的胡蜂　中国胡蜂亚科》出版后，受到了广大读者的欢迎，可惜印数有限，出版社早已售罄。网络上一本书的售价炒得很高，还无处购买。不少朋友打电话问询，尤其是在夏秋季胡蜂繁盛期，咨询被蜂蜇后的危险以及如何紧急处理的人更多。2019年年初，我的第二本著作《诗图话昆虫》出版，我用个人创作的诗歌和图片的形式讲述略显枯燥的昆虫科学知识，点燃了很多读者学习昆虫、热爱大自然的激情。2020年的新冠疫情催动了网络教学的发展，6月28日，我受中国科学院动物研究所朱朝东研究员的邀请，在全国传粉昆虫学会第一期网络讲习班进行了题为"胡蜂漫谈"的讲座；7月初，受化工出版社邀请，我在北京悦读咖啡馆触动实验室网站上面向全国读者进行了一次题为"等闲识得胡蜂面"的科普讲座。这两次讲座都得到了很高的评价。10月，我为紫阳县的消防官兵讲了胡蜂的认识和预防知识，听了讲座后，他们从多个视角表达了对胡蜂的浓厚兴趣，从原来的盲目胆大或者盲目惧怕，变成了对胡蜂专业知识的渴望。"为群众写一本科普书！"我默默地伏案敲键盘。为了使内容更加直观，本书采用了图说的方式，部分内容还采用了诗歌和漫画的形式，其中，西北大学校友张鹏程，在校生姚懿芳、张祺婧、贾睿雯等同学在版面的设计和漫画的创作中耗费了大量精力。希望这次精心准备的"胡蜂盛宴"能再次打动广大读者的心，并成为有效控制胡蜂袭人灾害的利剑。

在研究和撰写过程中，我们得到很多专家、朋友和相关单位的无私帮助。西北农林科技大学的花保祯教授、浙江大学陈学新教授、西北大学特聘教授杨星科先生、荷兰的Kees van Achterberg教授和美国的James M Carpenter教授，作为学业和科研导师，对我的学习和研究给予了莫大的帮助。陕西安康、平利、紫阳等地的消防官兵，毛乌素沙漠治理研究中心的张应龙先生、王龙先生为实地调研提供了支持。国家林草局盛茂领教授、李涛处长、福建农林大学蔡立君老师、彭凌飞老师，陕西省动物研究所杨美霞副研究员，广东省昆虫研究所崔俊芝老师，西北大学生命科学学院李忠虎教授、冯奕忠老师，西北大学文学院蒙源老师，西安市农产品质量安全检验监测中心何成毅高级农艺师，化龙山保护区荣海先生，西北大学"三下乡"胡蜂防控宣传小组所有成员，虫友倪浩亮、段扬，研究生谭青青、张若男、田晓霞、吴佳璇等在野外调研、标本采集、图片使用、文献资料传递等方面都提供了帮助。单位的领导和同事、亲友和家人是我不断努力的动力，在此表示由衷的感激！

研究由国家自然科学基金（编号：31872263，31572300，31201732），西北大学本科人才培养建设项目（编号：XM05190582，XM05290845），西安市科技局农业科技创新工程项目［编号：201806116YF04NC12（1）］以及陕西省珍稀濒危动物保育重点实验室项目支持。在本次考察过程中，得到了"秦岭昆虫志""子午岭、南岭昆虫多样性考察"项目组的支持！

2021年2月10日

114